火星喵
宇宙探索科普故事

火星生活

著／宁铁民

绘　图／陈冉勃　郑　越　卢　翀

项目统筹／凌　晨　崔婷婷

大连出版社

DALIAN PUBLISHING HOUSE

© 宁铁民　2021

图书在版编目 (CIP) 数据

火星生活 / 宁铁民著 . 一大连：大连出版社 ,2021.1
（火星喵宇宙探索科普故事）
ISBN 978 7 5505-1640-3

Ⅰ . ①火… Ⅱ . ①宁… Ⅲ . ①火星－少儿读物
Ⅳ . ① P185.3-49

中国版本图书馆 CIP 数据核字 (2020) 第 264023 号

火星生活
HUOXING SHENGHUO

出 版 人：刘明辉

策划编辑：王德杰　　　　　　　封面设计：林　洋
责任编辑：王德杰　　　　　　　封面绘图：何茂葵
助理编辑：杜　鑫　　　　　　　版式设计：邹　敬
责任校对：乔　丽　　　　　　　责任印制：刘正兴

出版发行者：大连出版社
地　　　址：大连市高新园区亿阳路 6 号三丰大厦 A 座 18 层
邮　　　编：116023
电　　　话：0411-83620722 / 83621075
传　　　真：0411-83610391
网　　　址：http://www.dbjsj.com
　　　　　　http://www.dlmpm.com
邮　　　箱：525247891@qq.com
印　刷　者：大连金华光彩色印刷有限公司
经　销　者：各地新华书店

幅面尺寸：185mm×260mm
印　　张：8.5
字　　数：60 千字
出版时间：2021 年 1 月第 1 版
印刷时间：2021 年 1 月第 1 次印刷
书　　号：ISBN 978-7-5505-1640-3
定　　价：58.00 元

目录

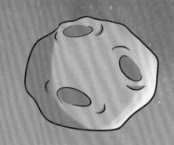

1

火星上安营扎寨的7个条件

"轰隆隆……"

一阵巨响从火红色的天空传来，惊动了正在睡觉的火星喵。它抬头仰望，一艘飞船在天空中画出一条美丽的弧线。在巨大的降落伞和反推发动机的作用下，飞船平稳地降落在火星红色的大地上。飞船表面的五星红旗图案特别鲜艳夺目。火星喵躲到一块大石头后面，探出橘黄色的圆脑袋，小心翼翼地张望。

飞船舱门打开，一队机器人搬运着物资走下飞船，来来回回跑了好几趟。宇航员也陆陆续续走下飞船，看样子完全适应

了火星的重力。

火星喵悄悄接近一个机器人，躲在它的身后，溜进了飞船。

火星喵想看看人类到底要干啥，它东张西望，飞船结构好像很复杂……火星喵来到了生活区，"呀——"它被地上什么东西绊倒了，滚到一个正在看书的男孩面前。

"妈呀，这是个啥东西？"男孩被吓了一跳，手里的书砸在了火星喵头上。

火星喵忍住疼爬起来，嘟囔道："我不是东西。"又急忙摇摇头道："我是东西……不对不对，我也不知道我是不是东西。"

"哈哈，那你到底是个啥东西？"男孩抱起火星喵笑着说。

火星喵说："我是火星喵。你是谁？"

"火星喵？"男孩惊讶道，"你是宇航员叔叔给我准备的玩具吗？"

"什么玩具！我是火星喵，在火星上居住的猫！我去过地球，可我还是更喜欢火星，就回来了。"

男孩恍然大悟道："原来你是外星猫。"

"火星喵。"

"那个……你好，火星喵。我是地球人，我叫小飞。"

"火星欢迎你！"火星喵说。

"谢谢！"小飞拉住火星喵的猫爪。

"你们这是要干啥？"火星喵问。

"我们要在这里建一座火星城。"

"真的吗？不会再像以前一样转一圈就回去了吧？"火星喵兴奋起来。

　　"不会，我们要长期居住在这里，以后还会有更多的人来这儿定居。对了，他们还会带猫和狗来，它们可以和你玩。"

　　"太好了。"火星喵非常高兴，但笑着笑着突然严肃起来，"我担心你们适应不了这里，火星和地球差异很大，建火星城哪有那么容易？首先就是缺乏氧气，你们人类离不开氧气。可是火星大气中氧气含量不高，主要成分是二氧化碳（CO_2），你知道二氧化碳吗？"

　　"当然知道，我们呼吸时呼出的气体就是二氧化碳。"

　　火星喵沮丧地说："那你们要是吸进了过量的二氧化碳，哪怕只是过量一点点，就会感到沉闷、心悸、注意力不集中、精神疲劳；要是吸多了，还会导致人体机能严重混乱，从而丧失知觉、神志不清……"

小飞呆住了。

"其次就是气压问题。"火星喵接着说，"火星大气压只有地球的 0.6 倍。"

"我们穿着增压航天服不就行了吗？"小飞挠挠头说。

"短时间内当然可以，但你吃饭、洗澡的时候也一直穿着吗？"

"哎呀，说得我头疼。"小飞叫道。

"说起吃饭、洗澡，你需要水吧？"火星喵说，"火星到处都是干旱的荒漠，没有河流、湖泊，也没有海洋，只有两极地区和地表之下才有以冰的形式存在的水。但要把这些冰开采出来可不是容易的事。"

小飞不说话了。火星喵又想起了一件重要的事情："还有呢，火星上经常刮大风，还会有席卷整个星球的风暴，风速是地球上台风速度的3倍，会形成近珠穆朗玛峰那么高的巨大尘土旋涡，而地球上的沙尘暴一般也就几百米高。"

小飞惊恐道："这么厉害？！"

火星喵赶紧说："别害怕，风速虽然快，

但火星大气稀薄，气压小，所以风力不强。"

小飞舒了口气说："那我就不怕了，我可以放风筝喽。"

"可别，"火星喵制止道，"火星上的风虽然不强，但风中有大量沙尘，沙尘暴可吓人了。更可怕的是，沙尘之间摩擦还会放电，当年苏联发射过来的一个探测器，刚到火星就被电坏了，被本喵拆开做了机器兔。"

"啊？我还想着用风力发电呢。"小飞沮丧地说。

火星喵摇摇头说："不行，风力不强，发不成电。"

"我们地球上倡导使用清洁能源，火星上无法利用风能，利用太阳能总可以吧？"小飞透过飞船舷窗看着天空中的太阳说道，"这里的太阳看上去好小。"

"是啊，火星到太阳的平均距离约是地球到太阳的平均距离的1.5倍，太阳光到火星已经不怎么暖和了。就算是夏天的火星赤道地区，中午气温最多也只有二十几摄氏度，要是到了冬天，咦，好冷的哟。"火星喵不由得打了个哆嗦，"火星上可以采集到的太阳能很少，远远不够一座火星城用的。"

"有一部电影讲述主人公在火星上把居住舱变为土豆农场。火星上可以种土豆吗？"小飞说。

"火星土壤里的重金属含量太高，就算能种出来，吃了也会中毒的。"火星喵解释。

"哎哟！"小飞闷闷不乐地向后躺了下去，头却撞到了舱壁上。

"哈哈……"火星喵被他的样子逗乐了。

"飞船还是太狭小了，我们能不能在火星上盖房子啊？"小飞边揉脑袋边问。

"房子是可以盖的，但比地球上要难得多。"火星喵说。

"我知道，要密封起来，保持温度、气压、氧气含量。"

"还有，你们地球人不穿航天服是没法在火星上露天行动的。"火星喵说，"火星的磁场消失了，也没有臭氧层，太阳风中的高能粒子和宇宙中的高能射线，会直接到达火星地表，对人体造成伤害，甚至危及人类生命。"

"天啊，这么可怕？"小飞吓得瞪大了眼睛，"那我也不能坐车出去兜风了？"

"唉，火星上氧气少，地球上用汽油

或柴油的车，在这里是无法启动的，就算是烧煤的蒸汽机车也不行。自行车倒是可以，但你穿着航天服也没法骑啊。"火星喵无奈地说。

"你可以骑自行车带我。"小飞说。

"哼，欺负人家腿短啊。"火星喵生气道。

"哈哈，我逗你呢。"小飞哄火星喵，"别生气啦，要不我给我家的地球猫打个电话，介绍它给你做朋友好不好？"

"你以为那么容易啊，就算火星运行到距离地球最近的位置，两者也相隔 5500 万千米。宇宙中速度最快的光也得 3 分多钟才能到达，一来一回得 6 分钟以上。更不要说火星大部分时候会离地球很远，最远的时候有 4 亿千米，光需要至少 22 分钟

才能跑到。"火星喵噘嘴道。

"也就是说，我要是想念地球上的爷爷奶奶了，打个电话、发个视频，要等很久才能收到回复？"小飞着急了。

"是啊，所以人类要在火星定居太不容易了，喵想有个小伙伴太难了，唉！"火星喵垂头丧气地说。

小飞站起来，紧握拳头，大声说："人类可以千里迢迢……啊不，应该是亿里迢迢登上火星，就一定不会被困难吓倒，一定可以想到好办法，在这里生存下去。"

"哟，没想到你这么有志气。"火星喵感动了，从小飞怀中飞了出去，伸出拳头，和小飞的拳头撞在一起，"我要和你一起帮助火星城建设者们想办法，共同见证人类改造火星的伟大事业！"

2

水是有的，得费点儿气力

当火星红色的天空中再次画出一条美丽的弧线时，火星城的建设者们都非常兴奋——那是他们的补给飞船。

火星喵溜进小飞的房间，翻箱倒柜，玩得不亦乐乎。

"你能不能先出去？没看见我在学习吗？"小飞不耐烦地说。

"没关系啊，你学习又不影响我玩。"火星喵头也不抬地说。

小飞放下书，抓住火星喵的一只猫爪，把它倒着拎起来："是你影响我了。"

"哎哟，放我下来，我只是找小鱼干，

补给不是到了吗？"火星喵扑腾着说。

"鱼干当然有……"小飞放下火星喵。

火星喵高兴得一蹦三尺高。

"我还没说完呢。现在不能吃。"

火星喵蔫了："为啥啊？"

"我爸爸说了，火星没有氧气，没有水，没有食物，我们可不是来观光旅游的，我们要为持续生存精打细算。补给飞船要等火星转到离地球比较近的时候才能来，下一次补给可能要等20多个月呢。你这家伙，给你一头鲸都能吃完，现在不能给你。"

"那我啥时候才能吃到小鱼干？"火星喵垂头丧气地问。

"我们生存首先需要的是氧气，没有氧气，人类一两分钟就会憋死。"小飞拍拍火星喵的脑袋，"你要是能想办法帮我

23

们制造氧气，我就奖励你小鱼干吃。"

"这有何难？"火星喵兴奋起来，"喵可是学校的高材生。"

不一会儿，火星喵就搞来一个U形管，还有电池、导线、电极和试管。

"喵跟你讲啊，要得到氧气并不难，电解水就可以了。"火星喵摆出一副老师的派头，"水由一个个肉眼看不到的水分子组成，一个水分子又是由一个氧原子和两个氢原子抱在一起构成的。我只需要在水中放两个电极，一个正极，一个负极，通上电，两个电极上就会冒泡泡，这可不是水分子闲得冒泡泡，而是发生了激烈的电解反应，水被电解成了氧气和氢气。"

火星喵说着，就开始做起了实验。它给水通上电，分解了水分子。水分子中的

氧原子和氢原子到处乱跑，同类碰到一起。于是，氧原子抱在一起构成了氧气，从正极冒出。氢原子抱在一起构成了氢气，从负极冒出。火星喵把电解出来的氢气和氧气用试管收集起来，递给小飞。

"你真行！"小飞拥抱火星喵，"只要我们有电和水，就可以得到氢气和氧气。氢气可以做能源，氧气可以供我们呼吸。好，奖励你一条小鱼干。等等，还有个问题，"小飞皱眉，"飞船上带了不少水，用过的污水也可以净化后循环利用，支持基地几个月的用量应该没问题。但是以后呢，从地球上运水过来，成本太高了。你说过火星上有水，水在哪里？"

火星喵向空中投影出一张火星全景立体图说："你看到火星两极的'白色帽子'

了吗？"

小飞点头。

"以前你们地球科学家认为这些'帽子'的主要成分是干冰，也就是固态的二氧化碳。现在技术进步了，才搞清楚它们的大部分成分是水冰。只要把这些冰融化，就能得到水啦。"

"好，再奖励你一条小鱼干。"小飞兴奋地说，"但是有啥办法把这些冰融化呢？喂，问你呢，喵？喵你怎么不说话？"

火星喵吃完小鱼干，已经幸福地睡着了，还做起了梦。

梦中，一轮蓝色的夕阳挂在西方的天空，火星喵正在晒太阳。忽然一道红光划过天际，它以为又是一艘补给飞船到了，高兴地蹦蹦跳跳。但当那个东西落地的时候，北方发出了强光，差点亮瞎猫眼。火星喵还没搞清楚是怎么回事，震耳欲聋的响声就滚滚而来，腾起的烈火铺天盖地……天哪，原来是人类在火星用核弹轰炸北极的冰盖。高温令北极冰极速融化并释放出了大量的水蒸气和二氧化碳……

火星喵被吓醒了，出了一身冷汗。它

赶紧把做的梦讲给小飞听。

小飞摇着头说："这可不行，这样做需要多少颗核弹啊，还不把火星炸烂了？"

"不用核弹炸，喵就放心了。"火星喵继续睡觉，又做起了梦。

梦中，一颗小行星冲着火星飞来，撞击产生的高温迅速融化了两极和地层中的冰。不，那不是小行星，而是一颗彗星，彗星本身还携带着大量的水。撞击产生的烟尘遮天蔽日，融化的水形成了滔天的洪水。又被吓醒的火星喵不敢再睡觉了。

"你连做梦都在帮我想办法，再奖励你两条小鱼干吧。"小飞安慰着惊魂未定的火星喵。

吃了小鱼干，火星喵终于从惊吓中缓过神来。它告诉小飞："这两个办法虽然能把冰融化，但都存在相同的问题。火星上的气压比地球低，液态水很快会蒸发成水蒸气！而且火星上的平均气温只有−60℃，没有来得及蒸发的水又会很快被冻成冰！这样咱们根本得不到液态水，而且这天崩地裂的，吓死本喵了！"

"好了，别害怕了，"小飞抱着火星喵说，"我们再想想其他办法吧。"

火星喵睁大眼睛，使劲想着，突然，它从小飞怀中跳出来，大喊道："喵有办法了！"

它指着天上蓝色的太阳说："火星离太阳比地球离太阳远，接收不到那么多的太阳光，我们可以用一面大镜子把太阳光反射到火星，就可以融化冰了。"

火星喵这个办法也有人想过，就是建一面直径123千米的反射镜，放在火星上

空21千米的轨道上。反射镜可以把太阳光反射到火星上有冰的地区，冰层融化就可以得到水了。

小飞想了想，说："但那面镜子太大了，就算能造出来，怎么把它放到火星轨道上？又怎么让它对准南北极？还有，怎么防止太空中的陨石把镜子砸坏？"

火星喵抓耳挠腮："这个……喵再想想，还有啥办法能引发温室效应？"

小飞问："温室效应是什么？"

"这你都不知道？"火星喵得意扬扬地解释道，"你们地球人现在正被温室效应折磨，它引发的全球变暖已经成为威胁人类生存的大问题。听喵给你细细讲来。地球上的煤、石油、天然气等燃烧后产生大量的二氧化碳，这些二氧化碳飘在空中，

就像种蔬菜的温室大棚一样，使热量跑不掉，导致地球平均温度升高。所以二氧化碳也被称为温室气体。"

"那有什么办法能让温室效应发生在火星上，变害为利呢？往火星排放一些二氧化碳行不行？"小飞说。

"咱们可是在火星，你让喵上哪儿给你找那么多煤去？就算从地球上运来，升温也太慢了,最少得几百年吧,成本太高了,不行不行。"火星喵摇头。

"我去查查资料。"小飞拿出手持电脑,一阵忙碌。

"找到了,"小飞高兴地喊,"有一种叫作四氟化碳 (CF_4) 的温室气体,它可厉害了,增温效应是二氧化碳的 6500 倍。在

温室效应下的地球

地球就像盖了床大棉被!

火星上制造大量四氟化碳，几十年就可以将火星温度升高，火星地层中的二氧化碳也会被释放出来，再加上火星大气中原有的二氧化碳，会继续增强温室效应，那火星很快就会暖和起来了。"

"真的吗？"火星喵把圆圆的脑袋凑过来，读着电脑上的字，"只要火星的气温超过0℃，两极冰盖就会融化，形成几百米深的汪洋大海。"

"那时候火星将会有海洋，太好了，"小飞说，"可是两极的水够我们用吗？"

"别担心，万一火星的水量不足，它还有两颗卫星火卫一和火卫二，那里也有丰富的水资源。"火星喵越说越开心，"到时候，喵就有水养鱼了，就有吃不完的鱼喽。"

3

太阳能就别想了

　　火星喵盯着墙上的火星探测器照片，问小飞："人类发射到火星上的探测器，为啥都带翅膀？它们又不会飞。"

　　"哈哈，你个笨猫，那可不是翅膀，那是太阳能电池板。不仅是火星探测器，包括卫星、宇宙飞船等大多数航天器都带着电池板，它们可以把太阳光变成电能，供航天器使用。"

　　"哦，是这样啊，"火星喵点点头，"虽然火星上接收到的太阳能比地球少很多，但对于无人探测器来说也够用了。可是对火星城来说，就太少了吧？"它指着窗外，

那里陈列了一排排太阳能电池板。

"火星上接收到的太阳能太少，能量肯定不够用。电池板还会被火星上的沙尘暴带来的尘土覆盖，必须及时清理，太麻烦了。"小飞叹口气继续说道，"所以，太阳能就别想了。"

"还有更麻烦的事呢，太阳落山以后，太阳能电池板就不会再产生能量，晚上该怎么办呢？你是不知道啊，火星冬天的晚上最低温度能达到零下一百多摄氏度，没有能源肯定会被冻成冰棍。"火星喵不禁直打哆嗦。

"不用担心，我们还有蓄电池，蓄电池可以把白天发的电储存起来，晚上再用。"小飞摸着火星喵的头，"但这也是暂时的，我们必须想出其他办法找到能量。"

喵喵便利贴

地球人的能源

在地球上，人类常用的能源有化石能源、风能、太阳能、水能、地热能等。

化石能源主要包括煤、石油和天然气等，它们是怎么形成的呢？煤是古代繁茂的植物，在适宜的地质环境下，逐渐堆积成层，并被埋于水底或泥沙中，经过漫长的地质年代的煤化作用而成的；石油则是由古代构成动植物遗体的有机物质不断分解形成的；在开采石油时，经常伴随出现天然气，也有少量的天然气出现在煤矿附近，它们三者的形成条件中都有古代的生物，而火星上目前并没有发现动植物，所以火星不可能开采出煤或石油。

　　小飞掰着手指发愁道："在火星地层和两极的冰融化之前，没有足够的水形成水流落差，利用水能也不可能。

　　"火星上的火山活动在很久以前就停止了，那时候在地球上，恐龙刚灭绝不久。火星比地球小，内核也比地球冷得快，所以要利用地热能也没希望了。

　　"太阳能、化石能源、水能、地热能，全都不行。"

　　小飞继续查找资料。火星喵被一张图片吸引，它说："这不是'旅行者一号'吗？飞得最远的人造航天器，离我们已经有几百亿千米远了。它的动力怎么解决？"

　　"它用的是核电池，许多航天器，包括月球探测器、火星探测器、'旅行者一号'、

"旅行者一号"

核电池

10⁻¹⁵米~10⁻¹⁴米

电子

原子核

约10⁻¹⁰米

原子

'旅行者二号'等等，它们都是靠核电池供电的。"

"对啦，用核能啊！火星适合用核能！"火星喵跳起来叫道。

"你怎么才想起来啊！"小飞责怪道。

"这个，喵有时候大脑会短路一下子。"火星喵说，"忘记核能了！航天器上的核能是核电池提供的，这种电池又叫放射性同位素电池。核电池优点很多，不受外界环境中的温度、化学反应、压力、电磁场等的影响。而且只需一点儿放射性物质就可以工作很长时间，甚至长达几千年。"

"哇，这么厉害！"小飞感叹道。

"可是，我们总不能在火星上天天放核弹吧？"小飞说。

"别急啊，核能也可以发电，"火星

喵说，"原理和原子弹一样，只不过是让能量缓慢释放，和平利用。"

喵喵便利贴

核能

　　核能也称原子能。核结构发生变化时放出的能量。在实用上指重核裂变和轻核聚变时所释放出的巨大能量。物质所具有的原子能要比化学能大几百万甚至一千万倍以上。轻核聚变时放出的能量要比同质量重核裂变时大几倍。急剧的裂变和聚变反应会引起爆炸，人们据此制造了原子弹和氢弹。

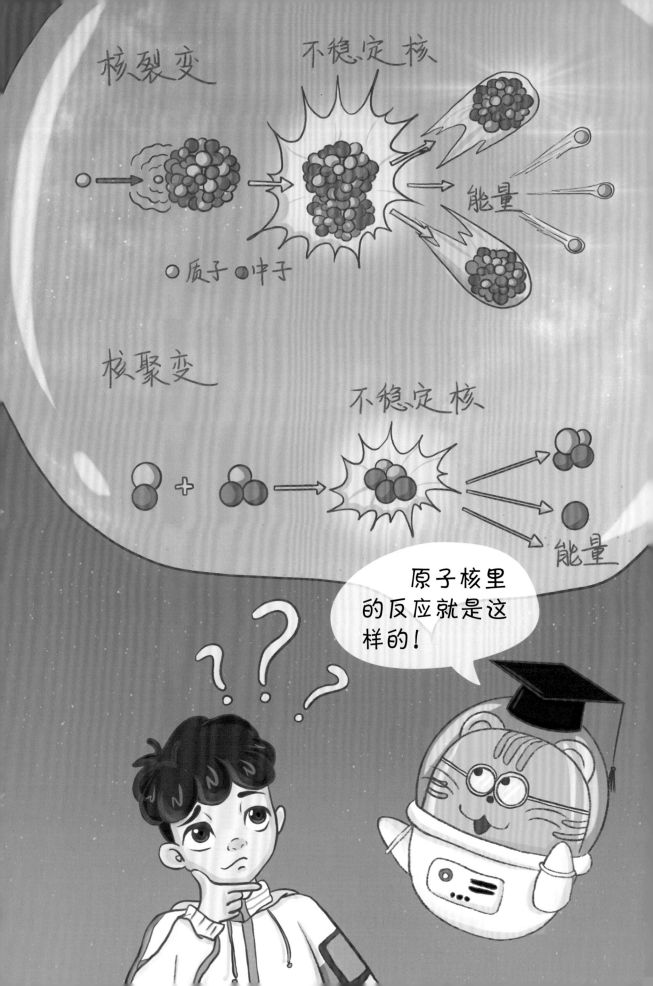

　　"太好了，"小飞高兴地说，"将来的火星城，就用核电站来供电。"

　　火星喵说："核电站主要靠核反应堆来提供能量。在核反应堆的内部，核燃料会进行缓慢的裂变反应，释放的热量用来烧开水。水被烧开后变成水蒸气，气压非常大，能推动发电机转动，就能发电了。"

　　"火星城那么大，核电站发的电够用吗？"小飞担忧地问。

　　火星喵笑道："这个不用担心，肯定够用。常用的核燃料叫作铀-235，1千克铀-235全部裂变放出的能量相当于2500吨优质煤燃烧放出的能量。是不是很厉害？"

　　"核裂变这么厉害啊，你刚才说核聚变释放出的能量比核裂变更厉害，那为什么不用核聚变来发电？"

"唉，人类还没有掌握可控核聚变。"火星喵叹口气。

"我以后要去研究可控核聚变！把核聚变发动机装到宇宙飞船上去，这样就能飞得更快，飞得更远！"小飞望向天空，信心十足。

"喵也要去，带上喵！"

4

拒绝吃土豆

"火星喵——"小飞生气地大喊,"你为什么把我房间弄这么乱?"

火星喵委屈地说:"喵在找小鱼干。"

"没了,"小飞没好气地说,"飞船带来的小鱼干全让你吃光了。"

"那可怎么办?喵以食为天啊。"火星喵委屈地说。

"不对,是'民以食为天'。"小飞纠正道。

不管是人还是动物,每天都要吃饭。在短期的太空任务中,宇航员吃太空方便食品。空间站的空间比较充足,宇航员就

自己种蔬菜吃。

"火星上能不能种菜呢？"火星喵问。

"电影《火星救援》中就有在火星上种土豆的情节啊。"

"那是在居住舱种的呀，再说喵也不爱吃土豆啊。"火星喵撇嘴道。

小飞抓住火星喵的后腿，倒着将它拎起来："妈妈说挑食的孩子不是好孩子。"

"光吃土豆不行啊，营养不均衡。"火星喵扑腾着挣脱小飞的手飞了起来。

小飞琢磨了一会儿说："也是啊，还需要其他食物。你来帮我分析一下，种植物需要哪些条件？"

火星喵踱着步说："首先是氧气——"

"不对。"小飞打断火星喵的话，"我学过，绿色植物会进行光合作用，吸收二

氧化碳，释放氧气。火星大气中有的是二氧化碳，我们直接种绿色植物就可以了，顺便还可以制造氧气，供人呼吸。"

火星喵飞起来，一拳打在小飞脑袋上。

"哎哟，你干吗打我？"小飞捂着脑袋说。

火星喵怒气冲冲地说："不知道就别插嘴，没你想的那么简单，植物也需要氧气用来呼吸。"

小飞揉揉脑袋，说："植物又没有鼻子，也没有肺和鳃，用啥呼吸？"

"没鼻子就不能呼吸了？"火星喵摆出老师训学生的架势，"别小看植物，它们全身的每一个细胞都会呼吸，植物体上有一些小孔与薄膜，可以让氧气进去、二氧化碳出来。"

"原来如此，我还以为植物不需要呼吸呢。"小飞说。

"当然要呼吸了。植物光合作用释放出的氧气要比它呼吸消耗的氧气多，但晚上就无法进行光合作用了，要呼吸氧气。火星大气中的氧气太少了，植物也会被憋死的。"

"嗯，氧气算一个条件，还有呢？"小飞问。

"其次当然是光照了。光合作用需要充足的阳光，可是火星上就算是白天，光照也远远不如地球。"火星喵皱皱眉头，"还需要合适的温度。火星的平均温度只有 $-60℃$，最高温度是 $28℃$，最低温度甚至达到了 $-132℃$。"说到这里，火星喵不禁打了个哆嗦，"到了晚上，植物会被冻

死的。"

"是啊，太冷了。"小飞点头道。

"另外还需要气压，火星气压太低了，植物很难进行光合作用和呼吸。"火星喵接着说，"种植物还少不了水。火星上的水在低气压和低温中很难保持液态，植物可啃不了冰疙瘩。"

"可是建设火星城的叔叔阿姨们已经在试种植物了，他们怎么做的呢？"小飞诧异道，"要不，咱们一起去看看？"

"好耶！"火星喵举双手赞同。

火星农场是全封闭的，火星城建设者们在这里构建出了适合植物生长的环境：保持了合适的气压和温度；把冰融化成水，又通过电解水来制造氧气；用人造光源替

代阳光；植物光合作用所需的二氧化碳直接从火星大气中提取；但火星土壤还不能用，暂时采取无土栽培。

"这种密闭环境可以搞小规模种植，将来移民多了肯定不够。"参观后，小飞忧心忡忡地说。

火星喵安慰他："喵研究过火星土壤，里面含有地球植物生长所需要的基本元素，虽然各种元素的比例与地球上的不同，但也能满足植物需要了。只要添加一点儿化肥，火星土壤完全可以种地球植物。"

但火星喵的神色凝重起来："我忘记了，火星土壤中含有大量高氯酸盐（含有高氯酸根 ClO_4^-），种植出来的地球植物有毒素。这种毒素会影响人体正常的新陈代谢，阻碍生长和发育。一旦婴幼儿体内的高氯酸盐过量，就会出现智商偏低、学习障碍、发育迟缓、多动症、注意力分散等症状，天哪，这就是弱智啊。"火星喵捂住了脑袋："啊，喵可不敢吃用火星土壤种出来的土豆，喵不要当弱智喵！"

"哈哈，别担心。"小飞拍拍火星喵的

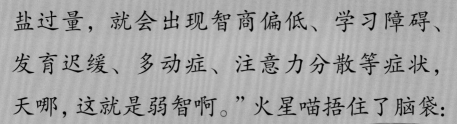

快跑，变成弱智喵就太可怜了。

头，"农场的叔叔传给我一些资料。他们正在进行试验，首先将一些能降解高氯酸盐的地球细菌放入火星土壤。这些细菌非常了不起，它们会把高氯酸盐降解成氯化物和氧气。然后，他们再在这些土壤中加入会制造氧气的微生物，比如蓝藻，它们会通过光合作用，制造出氧气，还能吸收氮气，把大气中的氮气变成有机物存放到土壤中，成为植物生长所需要的营养物质。经过这样处理的火星土壤就可以种植物啦，比如土豆。"

"啊，怎么又是土豆？喵拒绝吃土豆。"火星喵把头摇得像拨浪鼓。

"你着什么急啊，等温室效应改造好了火星，有了水，加厚了大气，提升了温度，就可以在火星的田野里想种啥就种啥，比如

西红柿、黄瓜、青菜、水稻、小麦——"

"别说了，再说喵都饿了。"火星喵打断了小飞，"你说的那都是火星被改造好了后种植的，现在怎么办呢？喵虽然是个不挑食的好宝宝，也不能让喵饿着吧。"

小飞打个响指："有了，我带你去种植区看看，那里说不定有你喜欢吃的。"

"快看，这是啥好吃的？"火星喵在种植区有了新发现。

"这是浮萍，可以漂浮在水上的植物。浮萍与大豆相比含有更多的蛋白质，而且生长速度很快，还能将火星上的二氧化碳转化成氧气供人呼吸。"小飞解释。

"这些又是什么？长得也不像植物啊。"火星喵指着一个透明罐子。

"这是真菌。"小飞回答。

"天哪,这也是食物?真菌能吃吗?"火星喵皱眉道。

"真菌通常寄生在其他物体上。"小飞笑,"听妈妈说,蒸馒头用的酵母粉就含有可食用的真菌。还有你爱吃的蘑菇,也是一种真菌。那个罐子中的真菌可不是普通的真菌,而是经过基因编程技术改造过的真菌,不需要阳光和土壤就可以生长,培养它们比种植植物简单多了。"

"不知道味道怎么样,喵先尝尝。"火星喵流着哈喇子跑了过去。

"你回来,太不讲卫生了。"小飞急忙追上去。

5

火星上的住所

小飞和火星喵玩起了捉迷藏。

"找到你啦!"小飞又一次从角落中拎出了火星喵。

火星喵在半空扑腾着,不高兴地说:"飞船太小了,不好玩不好玩,在大房子里捉迷藏才好玩。你们人类要移民火星,应该好好修房子。"

小飞放开火星喵,说:"是啊,房子很重要。但是,火星上的房子肯定要特别些吧?"

火星喵说:"当然!第一,密封性要好,屋里的空气一丁点儿都不能泄漏出去,一旦发生泄漏，气压会下降，氧气也会流失，人类就无法生存了。第二，还要能抵挡火星上的大风。第三，要防辐射，火星上的宇宙射线很强，会对人体健康造成极大的损害。第四，建筑材料最好就地取材，从地球运过来成本太高。对了，喵想到一个地方特别合适你们，跟我来。"

火星喵带着小飞来到营地附近的山中，他们进入了一个洞穴。

"这里怎么样？"火星喵当起了导游，"在三十亿年前的远古火星上，曾经也有许多火山活动，火山喷发出的熔岩表层会首先冷却形成一个硬壳。火山喷发停止后，内部的熔岩继续流动，就生出了一个一个的熔岩洞。这些洞穴不但能阻挡宇宙射线，还能防风防沙尘。人类就把新家园建在这

个地方吧！"

"好啊，我要把这个洞告诉爸爸，我们回去做个设计吧。"小飞兴奋地赶紧带着火星喵返回飞船。

他们立刻开始设计，很快就画出了一张火星家园的设计图：在大型熔岩洞内部，划分出了住宅区、科研区、农业区、能源供应区、储冰区和供水厂，还有氧气生产车间，垃圾处理所等各个区域。

"这里要建一个鱼塘养鱼。"火星喵说着就在图上农业区里标记出鱼塘。

"你就知道吃。"小飞说，"先把设计图画完，不然不让吃。"

"好吧。"火星喵一边说一边在图上做着标记，"先从开采火星矿物开始。火星上的黏土矿物可以制造陶瓷和玻璃，生

产出生活用品，做到自给自足；火星土壤中有大量氧化铁，可以建立钢铁厂，有了钢铁就能造房子，造机器，造很多东西。"

火星喵又想了想，说："除了洞穴，在火星地下也可以建立居住点，能有效抵御辐射。如果一定要在火星地表建房，建筑材料倒是好办，火星上的岩石就可以用，但宇宙射线和大气稀薄是两个大问题。其实远古时期的火星也有磁场，也有厚厚的大气，甚至可能有海洋。会不会有火星鱼呢？"说到鱼，火星喵就把正事忘到九霄云外了。

小飞一拍桌子，吓了火星喵一跳，他说："说火星磁场呢，不许再想鱼了。"

火星喵只好言归正传："有一种观点认为，行星的核心就像一块电磁铁，有液

态的铁在流动，形成了电流，产生了磁场。由于火星比地球小，它的核心到现在已经冷却了，没了'发电机'，磁场也就消失了。之后太阳风可以直接吹到火星上，把大气吹跑了，海洋也蒸发了。"火星喵带着哭腔说："喵的火星鱼也没了，呜呜呜……"

"好了，你把火星家园设计好，我给你买小鱼干。"小飞安慰火星喵道。

火星喵继续说："还有一种观点认为，由于火星受到小行星多次猛烈撞击，导致火星内核液体铁的流动中断，'发电机'被关掉了，于是失去了磁场。这两种说法喵也不知道哪一种正确，火星磁场消失至今仍是一个未解之谜。"

"有没有可能恢复火星的磁场呢？"

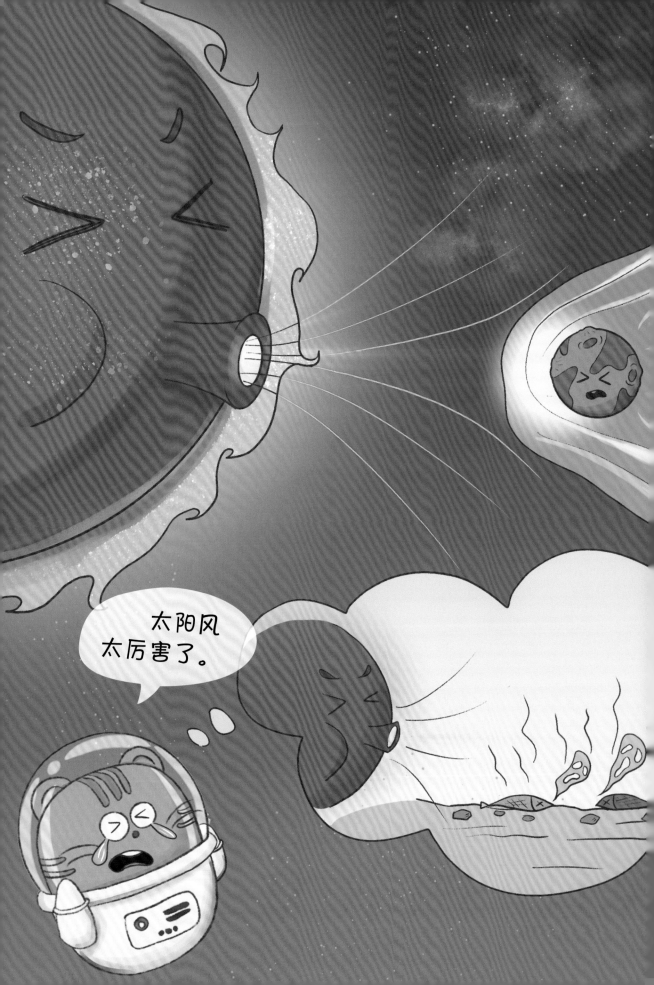

小飞问。

"以人类现在的技术不太可能，但将来也许有可能。可以在火星的赤道上铺设一个超导体螺线管，连接到一个强大的电源上，产生人工磁场。"火星喵说。

火星喵继续说："还有一个办法，可以在太阳与火星的引力平衡点上放一把'磁伞'，也就是人工磁场，替火星挡住带电的太阳风。不过，这些办法都需要强大的电能，还有很多技术上的困难。"

"只要想得出来办法，就一定能实现它！我爸爸他们可是最棒的工程师。"小飞握紧拳头，信心十足。他拍拍火星喵的头盔："你可要多出主意！你可是'火星百事通'啊！"

"嘿嘿，我只是在火星上待的时间长

些。"火星喵害羞地说，"你好好学习，也可以的。咱们一起为建设火星新家园努力吧！"

喵喵便利贴

超导体

能够通电的物质，我们给它起了个名字叫导体。金属和石墨都是很好的导体。我们平时用的铅笔芯就是石墨。导体通电的时候，导体中会对电流产生阻碍作用，这叫作电阻。电阻是导体本

身的一种属性，与导体有没有通电，通电时间长短，通电多少都没有关系。如果导体中的电阻没有了，这样的导体就变成了超导体。

超导体由于是零电阻，就不会消耗电能，没有散热问题，用它制造的电子元器件可以造得很小。由超导材料制作的超导电线和超导变压器，可以把电力几乎无损耗地输送给用户。据统计，如果改为超导输电，仅仅是中国，每年节省的电能相当于新建数十个大型发电厂产生的。

超导体还会产生更强的磁场。将这样的超导螺线管绕火星赤道一周，就可以做成人工磁场了。

6

3D打印机坏掉了

"哇，好神奇，这是什么？"火星喵好奇地盯着火星工厂里的一台方形的机器说道。

"这个叫 3D 打印机。"小飞说，"在太空和火星上，如果需要用到一些工具，从地球上运来实在太麻烦，费用又高，带台 3D 打印机就都解决了。"

"喵知道打印，可是'3D'又是什么呢？为什么不是'二哥'？"火星喵问。

"什么二哥三弟，我说的是'3D'，就是三维，也就是立体的。三维指的是物体的长、宽、高三个维度。3D 打印是一种

快速成型技术，先在电脑上建一个数字模型，再用粉末状的金属或塑料等可黏合材料，通过逐层打印的方式来构造物体的技术。"小飞解释说，"3D打印应用非常广泛，可以打印房子、桥梁，甚至手枪和人体器官，衣服、鞋子更不用说了，可以根据体型和脚的大小，量身定制，比最优秀的裁缝做的更合身。在火星上，3D打印机用处可大了，可以打印你想要的一切。"

"可不可以打印小鱼干？"火星喵眼睛一亮，低声问小飞。

"你说呢？"小飞瞅着它。

"应该不可以。"火星喵灰溜溜地说，像个犯了错误的小孩。

"这个嘛……"小飞故意卖起了关子，突然笑着说，"还真可以，哈哈。"

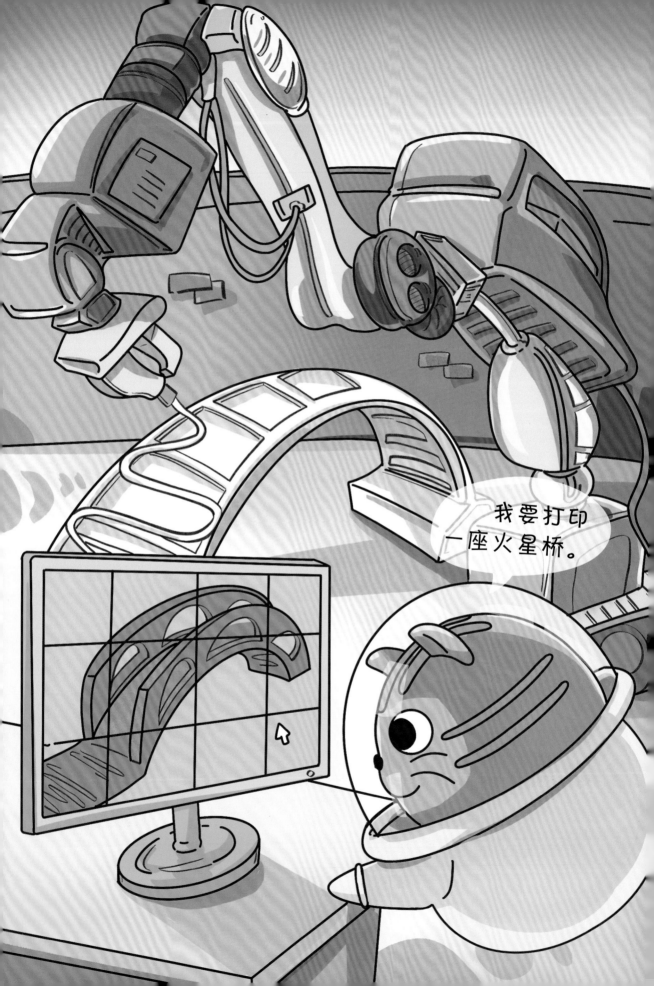

"真的吗？"火星喵惊喜地说。

"像巧克力这类食品，只要有原料，就可以打印。至于小鱼干嘛，要找到鱼肉作为原料才行。咱们可以试试。"小飞说。

"喵要打印小鱼干喽。"火星喵高兴地蹦蹦跳跳。

但是等了好久，机器不响也不动，更不见小鱼干出来，小飞只好去请教工厂的叔叔。很不幸的是，叔叔告诉他们这台3D打印机坏掉了，需要从地球上送来一台新的。

听到小飞带来的坏消息，火星喵急得团团转："完了完了，不仅喵吃不到小鱼干，连火星城建设者的服装和鞋子都做不出来了，这可怎么办呀？"

小飞带着火星喵回到飞船里想办法。

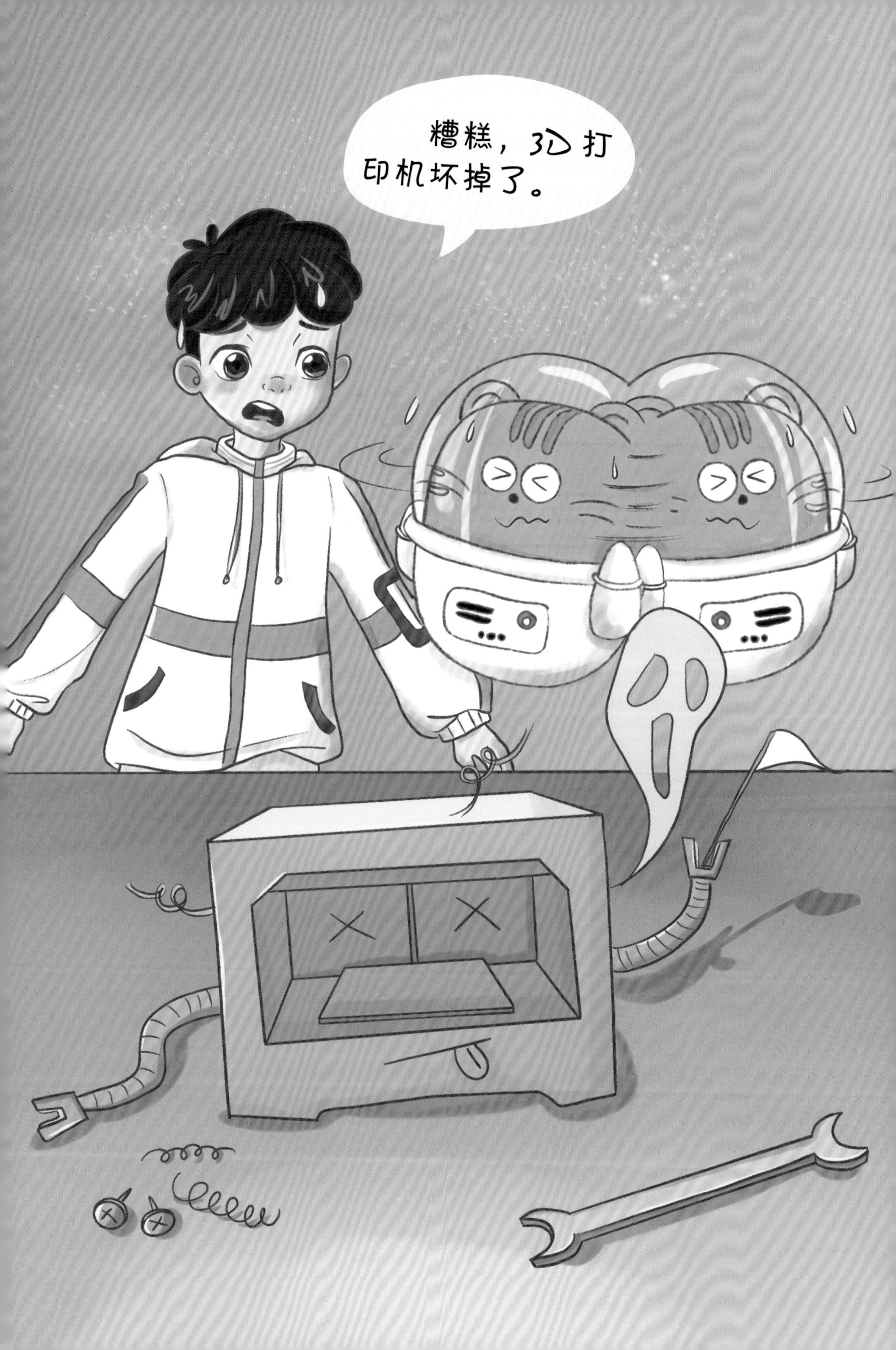
糟糕，3D打印机坏掉了。

可以做衣服
的材料太多了。

蚕丝

衣服

硅酸盐

玻璃纤维

航天服

　　小飞在电脑上查阅地球古人的资料。
"古时候，地球上的人类穿的衣服材料有
麻、棉、丝、毛等等。麻和棉是种植出来
的；丝是蚕宝宝吃桑叶吐出来的；毛则来
自动物，动物要吃草。可是现在的火星上
别说种不了棉花和桑树，就连动物吃的草
也种不了。远古时代人类还能穿树叶兽皮，
但是火星上哪有树叶和兽皮啊，全是沙漠，
这可怎么办呢？"小飞担忧地说。

　　火星喵飞到小飞头顶，拍拍他的脑袋：
"有沙漠就成了！火星上的沙漠大部分都
是硅酸盐、褐铁矿等铁氧化物组成的，所
以沙漠才能是橙红和棕红色的。硅酸盐做
原料能制成许多产品，其中就包括玻璃纤
维。用这个纤维制成的衣服，耐腐蚀、隔
热、防火，可以作为航天服的面料。火星

上有大量的碳元素和氢元素，以它们为原料可以制成塑料，再经过纳米技术改进后，就可以制成衣服面料。"

"好主意。"小飞的眉头舒展了，"我听老师说过，有一种纳米材料叫石墨烯，也是由碳元素组成的，用它制成的服装可以智能发热，防寒保暖，还有消炎抑菌和防止蚊虫的效果。因为石墨烯阻断了人体血液和汗液的气味，蚊虫就找不到目标了。"

火星喵撇嘴道："可是火星上没有蚊虫……"

"以后就有了。啊，我是说预防也好啊！万一有蚊子藏在飞船里从地球跑过来了呢？石墨烯制成的纤维坚韧度非常强，哈，可以制成真正的金钟罩铁布衫！"小飞做了个武术动作。

　　"嗯。"火星喵补充说，"纳米技术制造的衣服还有许多神奇功能，比如自我清洁，只需用水冲一下或用太阳光照几分钟，就可以去掉污渍和灰尘，洁净如新。"

　　"那我们就不用大老远往火星上搬洗衣机啦，妈妈也不用费力地洗衣服啦。"小飞高兴地说，"在新的 3D 打印机送来之前，我们不用担心没衣服穿啦。"

　　"你先别高兴得太早，"火星喵提醒道，"现在我们只是有了制造衣服和鞋子的材料，你会剪裁吗？"

　　"不会啊。"小飞说。

　　"那不完蛋了？我们还是没有新衣服穿。"火星喵沮丧地说。

　　"但是我妈妈会啊。"小飞说。

　　火星喵飞起来狠狠地拍了一下小飞的

脑袋："现在火星城的建设者有多少人?
将来火星城的移民又有多少人?你妈妈要
多辛苦啊!"

"哎哟,你打我干啥?我才不会让妈
妈累着呢,我妈又不是裁缝。"小飞捂着
脑袋说。

"你不是说你妈妈会做衣服吗?"火
星喵说。

火星上衣服
坏了怎么办?

　　"我妈妈是研究机器人的，火星飞船上的各种机器人都是她们团队研制的。其中就有会做衣服的智能机器人，"小飞得意，"我妈妈研制的机器人，十几秒就可以做一件衣服，几百个工人都比不上它。"

　　"哇，好厉害！"火星喵赞道。

　　"这不算啥，"小飞摆摆手，"还有可以穿戴的仿生衣，它们装了时时检测穿戴者血压、心率等指标的传感器，还能通过动力装置使穿戴者都成为大力士，跑得更快，跳得更高，增加工作效率。"

　　"喵以为喵的航天服已经够先进了，人类却有了更先进的衣服。火星工厂赶紧开工吧，喵要换一套新衣服。"火星喵向火星工厂飞去。

　　小飞在后面大喊："等等我！"

7

注意火星环保

"小飞——"火星喵生气地大喊，"你怎么可以乱扔垃圾？"

"啊，我错了。"小飞抱歉地说。

"人类就是因为人口太多、资源太少、环境变差这三大原因，才想移民火星的。你还要把火星污染了吗？太不注意环保了。难道要像地球上一样，先污染，后治理吗？"火星喵怒气冲冲地说。

"对不起，我一定注意，别生气了啊。"小飞收拾好垃圾，向火星喵道歉道。

火星喵还是不理他。

"这样吧，咱们一起来想想，有哪些

可能会污染火星的隐患，好不好？"

火星喵这才转过头来。

"好在火星的环保问题，地球人早就开始重视了。在无人探测火星的时代，火星探测器在组装前，地球人要对各个部件进行消毒，防止地球上的微生物污染了火星。当然，从火星上采集的土壤也不能随随便便带回地球，万一火星土壤里真的有火星微生物，也会污染地球的。"

火星喵这才原谅了小飞，它说："人类移民到火星后，每天吃喝拉撒、工作生活都会产生许许多多的垃圾，这些垃圾如果随便乱扔，刚刚建好的火星新家园可就不能住了。"

"我知道错了。"小飞说，"那么这些垃圾该怎么处理呢？"

火星喵想了想，说："生产生活中的废水，包括尿液，都可以回收，经过净化处理，可以得到宝贵的水资源。"

"啊？"小飞皱着眉，"这也太脏了。"

"不要觉得脏，这些水经过层层处理，一定会达到饮用水标准的，放心吧。在漫长的太空飞行和火星生活中，水资源稀缺，这是必须的。"火星喵说。

"那好吧。"小飞无可奈何地答应了。

"饭后产生的厨余垃圾，大部分可以做成肥料，供植物生长需要。还可以发酵后，产生沼气用来发电。"火星喵说。

"对，有句话说得好：'垃圾是放错了地方的资源。'垃圾中有许多是可回收物，比如废纸、废金属、废玻璃等，都可以回收再利用，造出新的纸，生产新的金

属、玻璃，不仅可以节约资源、避免浪费，还能更好地保护环境。"小飞补充。

"还有些垃圾可以用来焚烧发电。当然在焚烧过程中，一定要注意不能让焚烧产生的有害气体对火星大气造成污染。"火星喵继续说，"有毒有害垃圾更不能乱丢，需要用正确的方法进行安全处理。"

"对了，作为火星能源主要来源的核电站，也会产生一种特殊垃圾，就是核废料。"小飞边说边拿出电脑查找资料。

"核废料具有强烈的放射性，会对环境造成长久的污染。"小飞担心地说，"1986年的切尔诺贝利核事故发生后，15年内数万人因核辐射死亡，数十万人遭受了不同程度的核辐射，深受疾病折磨，方圆30千米内的10多万民众被疏散。别说是今天，

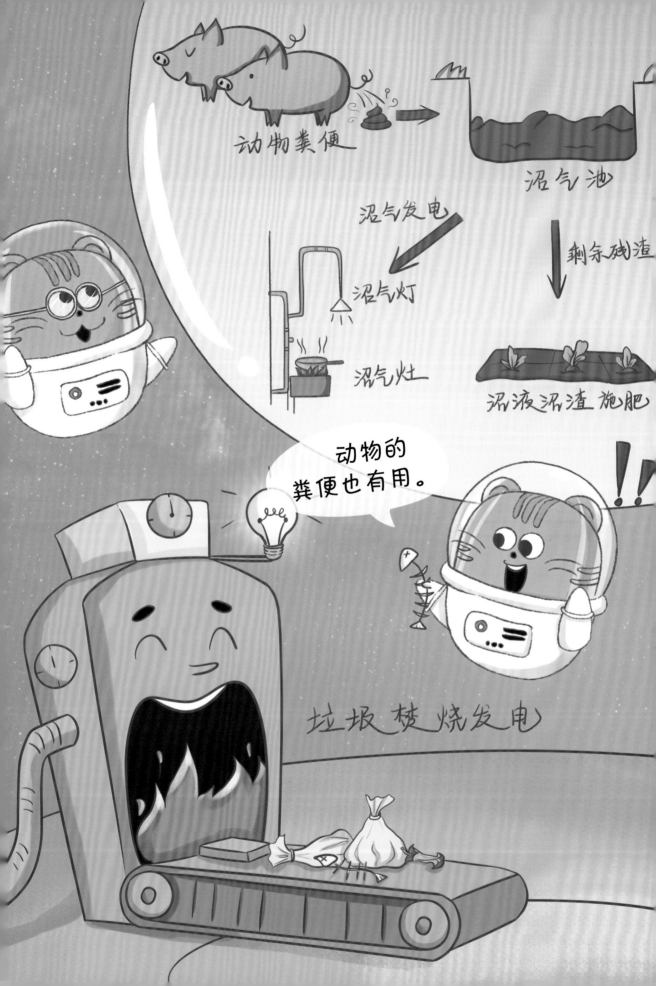

就算未来2万年内，那个地区仍然不适合人类居住，科研人员要进去研究也需要穿上防辐射服才行。"

"真的吗？太可怕了，吓死喵了。"火星喵吓得瞪大了眼睛，"那该怎么办？"

"资料上说，在地球上处理核废料的方法，国际上通常采用海洋和陆地两种方法处理核废料。一般是先经过冷却、干式储存，然后再将装有核废料的金属罐埋入海底4000米以下，或深埋于建在地下厚厚岩石层里的核废料处理库中。"小飞说。

"可是在火星上，我们该如何处理核废料呢？"火星喵问。

"火星是人类移民的目的地，我们当然不能把核废料在火星上乱扔。"小飞说。

"是啊，不然喵会受到核辐射的。"

火星喵说。

"我来查查有没有什么好办法。"小飞在电脑上继续找,"埋在火星地下也不好,谁知道火星地下还有什么资源等着人类开采呢。发射到太空怎么样?"

"这倒是个好办法,但万一火箭在半空中出现故障掉下来,核废料就会像天女散花般落到火星表面,人类移民的梦想可就完全泡汤了。就算送到太空,又该放到哪儿呢?火星轨道上当然不行,也是怕掉下来。"火星喵表示反对。

"放到火星的卫星上可以吗?"

"不要不要,那里还有珍贵的水资源,可不能被污染了,也许那里还有其他珍贵的资源呢?"火星喵继续反对。

"扔到太阳上行不行?"小飞又问。

火星生活

"这个倒可以。"火星喵同意。

"哎呀，也不行，"小飞看着电脑说，"从地球向太阳发射探测器都需要十几亿美元，火星离太阳更远，路费会更贵了。"

小飞愁眉苦脸地躺下了。

"别灰心，喵来找找。"火星喵跳到电脑前。

不一会儿，它激动地叫道："我找到办法啦，中国研制了针对核能利用及核废料处理的'启明星二号'，其全称为'铅基核反应堆零功率装置'，是中国无数的科学家夜以继日、不断努力的重要科研成就。这个装置主要用在核电站工作中，不仅能将核燃料的使用效率提高，还能对核燃料消耗完产生的废弃物再次回收利用……"

小飞坐起来，看着电脑说道："也就

是说，'启明星二号'不仅能让核废料失去放射性，还能将其释放出的能量又转化为电量，可谓是一举两得。哇，太好了。"

"而且这还只是2016年的技术，现在一定更厉害了。"火星喵说。

"太过先进，无法展示。哈哈……"小飞和火星喵开心地笑起来。

8

火星车和单人飞行器

今天是周末，小飞不用上课了，一大早就被火星喵叫起来玩。

"今天天气不错啊。"火星喵说。

小飞看看窗外："是啊，风和日丽。"

"喵想去远处兜兜风。"火星喵说。

"好啊，我跟妈妈说一声，咱们就出发。"小飞收拾好背包。

"可是路太远了，能不能坐车？嘿嘿。"火星喵说。

"火星城建设这么忙，爸爸的车还要运送很多物资，哪有你坐的？自己骑自行车去吧。"

　　"哼，又欺负喵腿短，喵要坐汽车。"火星喵噘着嘴说。

　　"汽车？"小飞说，"火星大气中氧气含量这么低，地球上的用汽油的车是根本打不着火的，你又不是不知道。"

　　"喵知道你们还有别的车，"火星喵一本正经地说，"月球上连大气都没有，是真空的，人类的月球车也可以在上面漫步。1971年，'阿波罗十五号'第一次使用了月球车，喵还知道它有个外号叫'月球小虫'。这种车当年一共造了四台，后来的'阿波罗十六号'和'阿波罗十七号'在任务中也使用过两次。宇航员穿着笨重的航天服，带着各种设备，只能在登月舱附近步行很短的距离，有了月球车，就可以载着宇航员探索更广大的月球区域了。"

　　"哟，知道的还不少。那你说说，月球车是靠啥驱动的？"小飞想考考火星喵。

　　"在没有空气的月球上，这种月球车是靠电力驱动的，可以轻松地运送宇航员、设备和月岩标本。它们在登月任务中帮助宇航员取得了重大科学发现。登月的宇航员返回地球时，三辆月球车被留在了月球，至今还在那里，不信你可以去月球看看嘛。"火星喵得意地说，"同样的原理，火星车当然也可以用电力驱动。其实地球上跑的'特斯拉'电动汽车，它的动力系统就可以用于火星车啊。"

　　"行啊，那你再说说电动车的科学原理。"小飞笑着说。

　　"电动车的原理很简单，首先需要一个可以充电的蓄电池，蓄电池中的电流经

逆变器

电动车,我懂!

电动机   高压电池

过电力调节器,就到达了电动机,电动机驱动动力系统,车就可以行驶了。"火星喵答道。

"又答对了。你再说说,电动车有啥优点?"小飞继续问。

"在地球上使用电动车,比起传统汽车有很多优点,制造时不需要变速箱等复杂的设备,行驶起来噪声小,还不排放废气,

清洁环保。"火星喵答。

小飞鼓起掌来："恭喜你，又答对了。"

"那我们可以坐火星车兜风了吧？"火星喵问。

"这个嘛……还是不行。我们是刚登陆火星的首批建设者，这里还没有建成四通八达的高速公路，车辆在火星上行驶会非常危险，一不小心陷进坑里就惨了，爸爸他们想救援也很困难。"小飞说。

"也是，火星车也不能跑得太远，喵不坐车了。"火星喵点点头。

小飞说："这就对了，我们还是步行吧——"

"喵要坐飞机。"火星喵又有了新想法，打断了小飞的话，"火星表面的重力只有地球表面的2/5，是不是飞机更容易飞起来呢？"。

　　"我晕，哪有那么简单？火星大气稀薄，不能给飞机提供足够的升力，所以很难飞起来。"小飞无奈地说。

　　"那可怎么办呀？"火星喵悲伤地说。

　　"我们走着去吧，多运动对身体好，你咋这么懒？"小飞训斥道。

　　"喵是想让你坐飞机，"火星喵委屈地说，"喵自己会飞。"

　　"对不起啊，我错怪你了。"小飞摸摸火星喵的头，"有办法了，跟我来。"

　　小飞带着火星喵来到一座飞机场。

　　"看，火星直升机。"他指着机场上的直升机，"这架火星直升机有两套旋转叶片，转速比地球直升机快得多，机身却很小。它的动力也是用蓄电池供电，顶部还装有太阳能电池，可以提供一部分电能。

电能还需要为直升机保温，特别是夜间，防止它被冻坏。"

"火星上风速很快，大气条件变幻莫测，会不会不安全？"火星喵问。

"放心吧，一旦出了故障，直升机也能轻轻地降落回地面，保障乘员安全。"

"那喵就放心了。"火星喵说。

"这里还有好玩的呢。"小飞带着火星喵来到机库，那里有好多架微型仿生扑翼飞机。"它们利用仿生学原理，模仿昆虫和蜂鸟的翅膀，可以在火星上自由飞翔。"

"哇，好可爱的小飞机。"火星喵赞叹道。

他们继续参观。火星喵指着一个大家伙问："那是什么？"

"那是飞艇，人类发明它比发明飞机

还早呢。"小飞介绍道。

"它的'大肚子'里充的是氢气吗？"火星喵问。

"在地球上，最早的飞艇里充的是氢气，但氢气很容易着火，现在常用的飞艇里充的是氦气。但火星的大气密度低，氦气比火星大气还重，在火星上根本飞不起来。"小飞说。

"火星上可以使用氢气吗？火星大气里大部分是二氧化碳，氢气在这里是点不着的。"火星喵说。

小飞摇摇头，说："氢气飞艇在这里也很难飞起来。"

"那这艘飞艇里充的是什么？"火星喵不解地问。

"你猜猜。"小飞笑着说。

"还有比氢气更轻的吗？应该没有吧，猜不出来。"火星喵抓耳挠腮。

"告诉你吧，它里面没有气体，是真空的。艇壳使用刚性结构来维持飞艇的真空状态，提供飞艇在火星大气层中的微弱升力。在地球上要是用这种真空结构，会被大气压给压坏的，但在火星上，真空飞艇用着正好。"小飞说，"那里还有一艘单人使用的小真空飞艇，我跟管理员叔叔说一声，借来咱们去兜风。"

小飞驾驶着单人真空飞艇升上了火星的天空，与火星喵一起飞向火星上最高的火山——奥林匹斯山。

美好的火星生活就要开始了。